Helmut Fladenhofer

AUERWILD
Die Hahnen vom Rosenkogel

Österreichischer Jagd- und Fischerei-Verlag

Helmut Fladenhofer

AUERWILD

Die Hahnen vom Rosenkogel

Österreichischer Jagd- und Fischerei-Verlag

Helmut Fladenhofer, Jahrgang 1964, ist Hahnenkenner, begeisterter Natur- und Wildtierfotograf, Musiker, Schauspieler und Kabarettist. Er lebt und arbeitet als Förster in Stainz, wo er sein Waldwissen auch gern und oft an Kinder weitergibt.

Auerhenne, Jahrgang 2009, lebt und arbeitet als Raufußhenne auf dem Rosenkogel in Stainz. Posiert mit Begeisterung für Wildtierfotos. Hochmusikalisch, allerdings mit etwas nasaler Stimme. Gibt ihr Waldwissen gern an ihre Kinder weiter.

Wickenburggasse 3, 1080 Wien
www.jagd.at

Lektorat, Layout, Leitung Produktion: Michael Sternath
Stawmyw atha, yesseurin,
deed, stawmyw atha –
anolelunaticish alpinoul Greyhound ...

Verlagsassistenz und Sekretariat: Angela Pleyel
Vertriebsleitung: Hermann Striednig

Repro: Blaupapier, Wien (Betty de Capercaillie)

Gesamtherstellung: Druckerei Theiss, Sankt Stefan im Lavanttal

ISBN 978-3-85208-128-1

Inhalt

Vom Zauber der Auerhahnen

Auerwild fasziniert. Ist es, weil es uns an längst vergangene Tage erinnert? An Tage, in denen die Welt völlig anders ausgesehen hat? An Tage, in denen der Mensch vielleicht noch in größerer Harmonie mit der Natur gelebt hat? – „Urhahn“ wird der Auerhahn von den Jägern auch genannt, und das ist kein Zufall.

Das Auerhuhn ist ein typischer Waldbewohner und lebt in großen, zusammenhängenden Waldkomplexen. Es ist das größte europäische Waldhuhn und damit auch der größte Vertreter der Familie der Raufußhühner. Das heute sehr selten gewordene Tier fasziniert allerdings nicht nur durch seine Größe und sein geheimnisvolles Leben, es stellt auch ganz besondere Ansprüche an seinen Lebensraum. Spannend dabei ist: Wo es den Auerhühnern gutgeht, da geht es auch vielen anderen Tieren gut. Auerwild ist daher eine Leitart.

Die Ansprüche des Auerwildes haben wir im Auerwildrevier des Grafen Franz Meran auf dem Rosenkogel in der Weststeiermark genauestens studiert. Jahrelange Forschung, Beobachtung und das Ausprobieren vieler forstlicher Maßnahmen haben Erfahrung mit diesem Raufußhuhn reifen lassen. Und nicht nur Erfahrungen und Eindrücke habe ich als Förster hier sammeln dürfen, sondern auch Fotos, die das Leben des Auerwildes auf dem Rosenkogel dokumentieren, und auch unsere forstlichen Maßnahmen. Gemeinsam mit den seit den 1920er-Jahren vorhandenen Aufzeichnungen aus dem Revier stellen sie einen reich sprudelnden Quell unserer heutigen Erkenntnisse dar und bewahren diese für die Nachwelt auf. Jedenfalls bin ich dankbar, auf dem Rosenkogel mit den Hahnen meine Lebensaufgabe gefunden zu haben. Ich habe dabei das Revier nicht nur mit den Augen des Jägers durchstreift, sondern auch mit den Möglichkeiten des Försters den Lebensraum mitgestaltet. Auf diese Art und Weise bin ich dem geheimnisvollen Wildvogel auch ziemlich nahegerückt: Er begleitet mich seit Jahrzehnten durchs Leben.

Mein besonderer Dank gilt Graf Franz Meran, Gutsherr und Leiter der Forstverwaltung Meran. Seine jagdliche und forstliche Passion hat den Grundstein für die Auerwildforschung und die Lebensraumgestaltung auf dem Rosenkogel gelegt.

Helmut Fladenhofer

Quer durchs Auerwild-Jahr

Frühlings Erwachen

Die Frühjahrssonne lässt die letzten Schneereste dahinschmelzen, und die ersten Frühlingsboten kämpfen sich aus dem noch kalten Waldboden. Einer dieser Frühlingsboten ist die Schneerose, im Volksmund auch „Christrose" oder „schwarze Nieswurz" genannt. Auch Huflattich und Pestwurz erwachen zu neuem Leben. Sie zeigen sich vor allem an den Straßenrändern, weil sie dort das erste Licht haben. Und auf den Almwiesen beginnt der blaue Wiesenenzian zu blühen. Man hört den Kuckuck, und die Tauben rufen im Auerwildrevier auf dem Rosenkogel.

Sind diese Frühlingsboten einmal da, dann weiß ich: Die Hahnenbalz steht vor der Tür! Sie ist – jedes Jahr aufs Neue – einer der Höhepunkte im Jahreslauf meines Förster- und Jägerlebens. Nach dem 15. April vergeht für ein paar Wochen überhaupt kein Morgen mehr, an dem wir nicht auf dem „Hahnplatz" sind, wie der Balzplatz von uns genannt wird. Wir verbringen viele Stunden und Tage, um das Geschehen dort zu beobachten und genauestens aufzuzeichnen.

Festgehalten wird etwa, wann die ersten Hahnen auf dem Balzplatz auftauchen. Das kann schon im Feber der Fall sein, oder im März. Auch, wann uns bekannte Hahnen wieder auf ihrem angestammten Balzplatz erscheinen, halten wir fest, wie viel Schnee noch liegt, wie das Wetter ist und wie die Temperatur. Kurz und gut: Wir wollen jedes Jahr ein wenig mehr über unser Auerwild erfahren …

Schon im März, wenn noch Schnee liegt, kann man auf dem Balzplatz immer wieder Auerhahnen antreffen. Da halten sie sich eher am Rand des Balzplatzes auf.

Auch Hennen schauen vorbei. Es ist aber noch nichts Ernstes, nur ein kurzer Besuch wird dem ohnedies wohlvertrauten Balzplatz abgestattet, um gerüstet zu sein, wenn die Zeit gekommen ist.

Blüht der erste Seidelbast, dann fangen die Hahnen zu melden an.

Ein klassischer Balzmorgen

Wie nähert man sich der Faszination „Auerhahn“ am besten an? – Vielleicht … folgen Sie mir einfach auf einem Birschgang ins Hahnenrevier auf dem Rosenkogel. Es beginnt am Vorabend des Balzmorgens mit dem „Verlosen“ der Hahnen, dem Verhören, wenn sie auf dem Balzplatz einfallen.

Man vernimmt den Hahn, wenn er sich auf dem Balzplatz mit lautem Flügelschlag in einen Baum einschwingt. Die Plätze zum Verlosen werden sorgfältig ausgewählt: Gut gedeckt, am besten auf einer kleinen Geländekuppe, um möglichst weit zu hören, errichten wir kleine Schirme. Damit man in der Finsternis auch wieder leise vom Balzplatz wegkommt, braucht man gut gepflegte Birschsteige. Wir achten sehr genau darauf, dass der Balzplatz erst dann verlassen wird, wenn es völlig finster ist und wir annehmen können, dass die Hahnen eingeschlafen sind. Beunruhigung muss nämlich soweit wie möglich vermieden werden!

Hat man sich beim Abendeinfall ein Bild über die Standorte der Hahnen gemacht, wird noch in finsterer Nacht, lange vor dem Morgengrauen, der Schirm wieder bezogen, denn man birscht ja unmittelbar unter den schlafenden Hahnen durch. Eine halbe Stunde hat man dann meist noch Zeit zum Dösen, bis schließlich – fast ist es noch Nacht – der Hahn zu melden beginnt.

Aber lassen wir die Bilder sprechen …

Der Erste meldet …

Dann, mit dem ersten Lichtschein im Osten, fängt einer nach dem anderen zu klopfen an. Dieser Laut, der dem Aufeinanderschlagen zweier Hölzchen ähnelt, wird in der Jägersprache auch „Knappen“ genannt. Es ist dies der erste Teil der vierteiligen Strophe des Auerhahnliedes.

Langsam spielt sich der Hahn nun ein. Das Knappen wird immer schneller, der Hahn „glöckelt" jetzt, bis sich die Spannung im korkenknallähnlichen „Hauptschlag" auflöst. Das zischende, wetzende „Schleifen" vervollständigt die Balzstrophe.

Noch im Morgengrauen geht der Hahn dann zu Boden und balzt dort weiter.

Die Hennen beobachten das Geschehen zunächst von einer sicheren Aussichtswarte. Schließlich will man ja wissen, mit wem man es zu tun bekommen wird!

Auch wir Jäger beobachten die Balz von sicherer Warte aus: Auf traditionellen Bodenbalzplätzen stehen nämlich unsere Beobachtungsschirme.

Mit der Zeit begeben sich auch die Hennen zu Boden. Das Werben des Hahnes um die Weibchen kann beginnen …

Drohen, Rittern, Raufen

Vor allem zu Beginn der Balz kommt es jeden Morgen zwischen den Hahnen zu massiven Drohungen und Auseinandersetzungen. Es geht dabei darum, sich gegenseitig die Grenzen der Hoheitsbereiche klarzumachen. Anders gesagt: Auerhahnen zeigen in der Balzzeit ausgeprägtes Revierverhalten.

Die jeweiligen Hoheitsgebiete sind ab Mitte April streng voneinander abgetrennt, die Grenzen messerscharf abgesteckt, und eine Grenzverletzung wird strengstens geahndet und bedeutet Krieg. Der Hoheitsbereich eines Hahnes umfasst meist etwa ein halbes Hektar, kann aber auch kleiner sein. Je besser der Platz ist, umso kleiner kann er sein. Wo es noch genügend Hahnen gibt, spielt sich eine Gruppenbalz ab. Eine Balzarena umfasst rund zehn bis zwölf Hektar. Auf dieser Fläche können ohne weiters bis zu fünfzehn Hahnen balzen. Das Balzterritorium eines Hahnes ist meist ellipsenförmig, dazwischen kann immer wieder auch ein wenig Niemandsland liegen. Der Platzhahn – er tritt fast alle Hennen – hat in seinem Hoheitsgebiet meist einen Feldherrnhügel, von dem aus er den ganzen Balzplatz überblickt.

Das Knappen – der erste Teil der Hahnenstrophe – aus vielen Hahnenkehlen auf einem Balzplatz lässt einen an einen Uhrenladen denken, in dem viele Uhren gleichzeitig ticken. Mit zornigem Worgen und aufgestelltem Halsgefieder wird immer wieder auf die Reviergrenzen hingewiesen.

Mit seinem Gesang markiert der Auerhahn akustisch seinen Balzplatz. Er plustert sich auf, rot leuchten die Rosen, und er zeigt den anderen Hahnen auf dem Balzplatz, wo seine Grenzen liegen. Und wehe, wenn einer ihn provoziert und versucht, sie zu überschreiten! Dann kann es rasch ans Eingemachte gehen. Was sich abspielt, wenn Grenzen missachtet werden, das sehen Sie auf den folgenden Seiten.

Immer und immer wieder spielt sich an einem Balzmorgen das gleiche Ritual ab: Die Hahnen fangen auf dem Baum an zu melden und gehen noch in der Dämmerung zu Boden. Danach gibt es eine kurze Begegnung zwischen den Reviernachbarn. Während dieser Begegnung werfen sie einander eine Reihe von Unfreundlichkeiten an den Kopf.

Die Unfreundlichkeiten werden vom sogenannten „Worgen“ begleitet, einem röchelnden Laut. Das Worgen ist eine massive Drohgebärde. Beim Worgen sträubt der Hahn das Halsgefieder.

Nachdem das allmorgendliche Drohen und Worgen vorbei ist, begibt sich jeder Hahn in sein Revierzentrum, in sein Hoheitsgebiet, …

… und tut dort das, was ein Auerhahn zur Hochbalz tun sollte, nämlich: mit seinen Gstanzln und Flattersprüngen um die Hennen zu werben.

Bei den Flattersprüngen erhebt sich der Hahn mit lautem, kräftigen Flügelschlag ein bis zwei Meter vom Boden …

… und gleitet dann meist ein Stück, …

… bevor er mit lautem Burren wieder zu Boden geht.

Rosenkavalier.

Die Hennen sind beim Platzhahn eingefallen und scharen sich um ihn. Festgelegte Reviergrenzen hin oder her, es kommt immer wieder vor, dass ein Nachbar stört …

… Dann wird in der Regel zunächst einmal vom Revierinhaber nur imponiert, das heißt, der Hahn rennt mit schleifenden Schwingen und „kröchend“ – einem zischenden röchelnden Ton, der gegen den Rivalen gerichtet wird – auf den Eindringling los …

… Lässt sich der Nebenbuhler dadurch nicht vertreiben, so wird mit der Breitseite imponiert, wobei der Hahn immer wieder worgt …

… Stehen einander die beiden Streithanseln einmal Aug in Auge gegenüber, dann wir die Sache ernst. Denn nun kommt der gefährlichste Körperteil des Auerhahnes zum Einsatz – der „Brocker", wie der Jäger den Schnabel nennt. Ein Schnabelkampf steht im Raum!

Beim Schnabelkampf werden die Stingel – die Hälse – lang, und die Federn sind glatt angelegt …

… Die Hahnen erinnern dabei beinahe an Schlangen. Nun versucht jeder Hahn, den Brocker und die signalroten Rosen des Kontrahenten zu fassen.

Meistens weichen sie zwar den gegnerischen Angriffen blitzschnell aus, doch wenn sich so ein Kampf in die Länge zieht, dann können sich die Hahnen auch brutale Verletzungen zufügen.

Dieses Bild zeigt gleich drei Beschädigte: Hahn – Baum – Hahn.

Ist ein rauflustiger Hahn immer wieder in solche Kämpfe verwickelt, dann trägt er eine Menge Blessuren davon und verliert bis zum Ende der Balz oft viele Federn im Kopfbereich.

Stirn und Schädeldecke alter Hahnen sind zwar besonders stark verknöchert und halten daher einiges an Hieben aus, …

… doch kann es in seltenen Fällen auch vorkommen, dass ein Hahn nach schweren Verletzungen eingeht.

Oft werden Schnabelkämpfe vom Worgen unterbrochen.

Der Regelfall aber ist, dass der Schnabelkampf nicht sehr lange dauert und die Sache bald erledigt ist.

Nur, wenn die Rivalen ungefähr gleich stark sind und keiner nachgibt, kann es auch zu einem Flügelkampf kommen, bei dem die Streithähne oft die Welt rund um sich völlig vergessen. Sie prügeln mit den Schwingen dermaßen aufeinander ein, dass es – weithin hörbar – klingt, als ob man Holzstöcke aneinanderschlägt. Auch der Schnabel kann ordentliche Wunden reißen, wer aber je mit den Schwingen eines Auerhahnes in Berührung gekommen ist, der weiß, wie schmerzhaft die ruckartig ausgeführten Schläge sind. Beim Fangen und Beringen von Hahnen haben wir diese Erfahrung immer wieder gemacht. Ist man einmal unvorsichtig, dann bekommt man eine gestreckte Rechte oder Linke, und die vergisst man dann nicht so leicht.

Hochbalz

Die Hauptbalz spielt sich in der Umgebung des Rosenkogels im letzten Drittel des April ab. In diesen Tagen – aber auch schon vorher und nachher – beobachten wir aus Schirmen die verschiedenen Hahnen ausgiebig bei der Bodenbalz. Charakter, Verhalten und Alter der einzelnen Hahnen können dabei gut festgestellt werden, und so lassen sich schließlich die verschiedenen Hahnen auch leicht unterscheiden und wiedererkennen. Zu Beginn der Balz halten sich an den Rändern der Balzplätze auch die „Schneider" auf – also die einjährigen Hahnen. Somit bekommen wir jedes Jahr einen genauen Überblick über den alljährlichen Hahnenzuwachs.

Ein altes Jäger-Sprichwort wusste schon: *„Wer den Auerhahn erlegt vor Sankt Georgen* – das ist der 23. April –, *der kann das Hennentreten selbst besorgen!"* Unsere Erfahrungen in Stainz bestätigen dieses Sprichwort voll und ganz: Jahr für Jahr können hier zwischen dem 20. und dem 25. April die meisten Tretakte beobachtet werden. Eine Bejagung vor diesem Zeitpunkt würde sich fatal auswirken.

Eine maßvolle Bejagung der Hahnen ist in unseren Revieren unbedenklich möglich. Aber erlegt werden die Hahnen auf dem Rosenkogel frühestens am 10. Mai. Aufgrund dieses späten Erlegungszeitpunktes ist zum einen sichergestellt, dass die Hennen längst getreten worden sind – auch, wenn sie nach Verlust des ersten Geleges ein zweites Mal zum Treten auf den Balzplatz gekommen sind; zum andern kann dadurch vor Beginn der Jagd eine genaue Bestandeserfassung und somit eine entsprechende Abschussplanung erfolgen.

Die Hochbalz findet bei jedem Wind und Wetter statt, ganz gleich, ob Starkregen oder später Wintereinbruch. Selbst an Tagen, an denen man keinen Hund vor die Tür jagen würde, wird voll gebalzt. Beispiele dafür finden Sie auf den späteren Seiten dieses Kapitels. Vorher geht es aber noch um den eigentlichen Sinn und Zweck der Balz: um das Treten …

In der Hochbalz sind die Hahnen schon ganz früh auf dem Boden und balzen dort oft bis zu Mittag, ja manchmal bis in den Nachmittag. Prachtvoll leuchtet der Schild in der Sonne.

Die Hennen sind da, und die Hahnen werben um die Gunst der holden Weiblichkeit. Näher und näher lässt die Henne den Hahn im Zuge des anhaltenden Werbens heran, …

… schließlich bis auf Tuchfühlung, und dann fordert die Henne den Hahn zum Treten auf.

Auf dem Rosenkogel ist die letzte Aprilwoche die „Hennenwoche". Nachdem der Hahn mit seinem Lied und Flattersprüngen um die Henne geworben hat und sie ihn schließlich ganz in ihrer Nähe duldet und zum Treten auffordert, kommt es zum Tretakt. Der Hahn packt die Henne am Stingel, die Henne hält still, und in wenigen Sekunden ist der Tretakt Geschichte. Meistens wird eine Henne in einer Balz zwei- bis drei Mal getreten.

Die Henne sagt „Danke!“, schlüpft unter dem Hahn weg, schüttelt das Gefieder aus und verlässt das Liebesnest, während der Hahn sofort wieder Balzstellung einnimmt, wie auf dem Bild unten zu sehen. Immer wieder konnten wir beobachten, dass der Haupthahn fast alle Tretakte vollzieht. Beim Hahn auf den Fotos handelt es sich um den Alpha-Hahn, den wir in einer Balzsaison 26-mal beim Treten von Hennen betreten haben.

Mit kurzen Pausen – man nennt sie die „Morgenandacht" – balzen die Hahnen bis in den späten Vormittag hinein. Bei bestem Licht wird man dann Zeuge eines einzigartigen Naturschauspieles, und hin und wieder kommt man überhaupt erst zu Mittag aus dem Schirm.

Auch die Hennen sind fasziniert von diesem Schauspiel und von so viel Akrobatik.

In den Balzpausen klappt der Hahn sein Gefieder zusammen, um möglichst unauffällig und ungestört seine Siesta zu halten …

… und sich ein wenig auszuruhen. Bei diesen Bildern glaubt man gar nicht, dass dies ein ausgesprochen starker und dominanter Hahn ist.

Auch den jungen Hahnen, die von den Rändern des Balzplatzes aus zuschauen, sind solche Pausen willkommen. Sie haben viel beobachtet und müssen das Gesehene erst einmal verdauen.

Die Ruhepausen werden von der Henne und auch vom Hahn zur Körperpflege genutzt. – Das farbenprächtige Gefieder kommt erst mit dem vollen Licht so richtig zur Geltung.

Auch dieses Rehkitz – es ist nun bald ein Jahr alt – hält in der Frühlingssonne Siesta und lässt sich durch den Balzbetrieb nicht aus der Ruhe bringen.

Später Wintereinbruch
in der Zeit der Hochbalz.

Wenn die Zeit gekommen ist, lässt sich das Auerwild durch das Wetter nicht mehr beirren, ganz gleich, ob dichter Nebel webt, der Föhn weht, Schnee fällt oder …

… Regen rinnt: Die Hahnen balzen gleich feurig wie bei klassischem Schönwetter.

Ein einzigartiges Foto-Dokument:
Voller Balzbetrieb und Treten bei strömendem Regen.

Geht die Balz dem Ende zu, dann verbringen die Hahnen, nach einem kurzen Frühmorgen-Intermezzo am Boden, die meiste Zeit des Tages auf dem Baum.

Ähnlich wie beim Abendeinfall werden dann die Grenzen vom Baum aus markiert, und man hört von dort immer wieder Worgen und Kröchen. Bald werden die Lärchen so weit ausgetrieben haben, dass sie dem Hahn schon Deckung geben. Das Frühjahr ist längst ins Land gezogen, und der Sommer naht…

Sommer

Man wundert sich immer wieder, wie schnell die Zeit vergeht, wenn man die Abläufe im Jagdrevier beobachtet. Konnten wir uns erst vor kurzem noch an der Balz des Auerwildes erfreuen, so liegt jetzt das Hauptaugenmerk schon darauf, wie es um das Aufkommen der Gesperre steht.

Der Auerwildnachwuchs hat nur gut fünf Monate Zeit, um zu wachsen. In dieser Zeit müssen die jungen Hühner 90 Prozent des Erwachsenengewichtes erreichen. In den ersten Wochen ist die Heidelbeere – sie spielt im ganzen Leben der Auerhühner eine entscheidende Rolle – äußerst wichtig: Auf der Unterseite der Heidelbeerblätter sammelt sich nämlich tierisches Plankton, also tierisches Eiweiß, das von den Küken in bester Deckung aufgenommen werden kann. Sie sind dabei also vor Feinden ziemlich sicher, bei gleichzeitig bester Nahrung. Die Zeit des Versteckens – so könnte man den Sommer für die Gesperre einschließlich der Henne am besten beschreiben.

In diesen Monaten sind nämlich die Küken und die sie begleitende Henne hochgradig gefährdet. Der Grund: Sie halten sich in diesen Wochen fast ausschließlich auf dem Boden auf. Anders der Hahn: Er kümmert sich nicht um seinen Nachwuchs, sondern schaut nur auf sich selber. In der gefährlichen Nacht ist er auf dem Baum – im Gegensatz zur Henne in den Wochen der Jungenaufzucht.

Alle Raufußhühner sind Bodenbrüter und Nestflüchter. Die Auerwildjugend lebt auf dem Boden höchst gefährlich. Wie gefährlich, das erkennt man am besten, wenn man weiß, dass von zehn Eiern durchschnittlich nur ein einziges Junges das Erwachsenenalter erreicht.

Nach dem Tretakt beginnt die Auerhenne, ganz auf sich gestellt, mit der Anlage des Bodennestes. Bestandesränder und Kleinkahlschläge mit vielen Randlinien werden als Brutstätte ausgewählt.

Die Hennen legen ganz einfache Nester an, gut getarnt am Wurzelanlauf einer Fichte oder am Rande eines kleinen Verjüngungskegels. Und auch die Hennen selbst sind unglaublich gut getarnt.

Nachdem die Henne ihre durchschnittlich 8 Eier gelegt hat, schlüpfen nach einer Brutzeit von 25 bis 26 Tagen die Küken. Während des Brütens verlässt die Henne nur sehr selten das Nest.

Hin und wieder wird eine Huderpfanne aufgesucht, um sich frischzumachen. In der Huderpfanne setzt die Henne die angestaute Brutlosung ab.

Die Huderpfannen befinden sich meist unter Wurzelstöcken oder am Fuße einer Wetterfichte, nach Süd-Osten ausgerichtet, also an Stellen, an denen der Sand nach dem Regen rasch auftrocknet.

Die Henne legt die Huderpfannen 100 bis 300 Meter entfernt vom Gelege an. Dies macht sie, um Nesträuber nicht auf den heranwachsenden Nachwuchs aufmerksam zu machen. – Auerhühner sind Nestflüchter. Das Gesperre folgt bereits einen Tag nach dem Schlüpfen der Mutter.

Kaum zu entdecken, außer an den Rosen: Gut getarnt folgt das Gesperre der Henne.

Nun gilt es für die Henne, die jungen Auerhühner an die richtigen Stellen zu führen, damit sie sich mit tierischem Eiweiß versorgen können – vor allem in den ersten Lebenstagen ist das entscheidend.

Ideale Nahrungsquellen bieten Kleinkahlschläge mit vielen Randlinien, weil im Wechsel von Licht und Schatten ideale Voraussetzungen für Insekten und andere Kleinlebewesen herrschen. Aber auch …

… gut strukturierte Altholzbestände sind beliebt, weil hier viel Licht auf den Boden kommt und die Heidelbeere wie Unkraut wachsen lässt, sowie …

… Straßenböschungen, die nach Osten hin offen sind und so mit den wärmenden Sonnenstrahlen versorgt werden. Hier finden sich während der Vegetationszeit auf engem Raum wichtige Lebensraumrequisiten für das Auerwild, zum Beispiel Huderpfannen.

Auf Plätzen wie diesem – wiederum gekennzeichnet durch viele Randlinien – fühlt sich nicht nur das Auerwild sehr wohl, sondern auch Lebensraumgenossen, wie etwa Ameisen.

Ameisen
– tierisches Eiweiß.

Nachdem sich die Küken in den ersten Lebenswochen fast ausschließlich von Insekten und anderen Kleintieren ernährt haben, werden dann bald auch schon Sämereien von Gräsern, Blüten, junge Triebe und Beeren interessant. Bei dem jungen Hahn vorne beginnt sich schon der weiße Spiegel zu bilden.

Eine ganz entscheidende Rolle spielt die Heidelbeere, und zwar nicht nur die Beere selbst, sondern die Pflanze in allen Entwicklungsstadien, sowohl als Knospe wie auch als Kraut.

Die Heidelbeere dient nicht nur als Äsung, sondern vor allem auch als Deckung für die Jungvögel – und auch für die Hennen.

Gefahren lauern viele auf die heranwachsenden Hühner. Nicht nur Nesträuber und Beutegreifer sorgen für Ausfälle bei den Jungen, auch das Wetter ist in den ersten Lebensmonaten ausschlaggebend. Im kleinen Bild sieht man ein von einem Vogel geknacktes Gelege.

Lange Regenperioden, niedrige Temperaturen oder Hagel bedeuten für Jungvögel – gleich welcher Art – oft das Aus, wie etwa für diesen jungen Eichelhäher.

Zum Winter hin muss ein Junghahn an die 3 Kilogramm erreicht haben, um in guter Verfassung in die kargen Monate zu kommen, eine Henne an die 1,5 Kilogramm. Das Geburtsgewicht beträgt nur wenige Gramm. Im Sommerhalbjahr heißt es also für das Jungauerwild: wachsen, wachsen und nochmals wachsen. – Nebenbei bemerkt: Der stattliche Bursche schaut doch aus, als ob er Stiefel anhätte, oder?

Herbst

Wenn es Herbst wird, Nebel wallen und die Blätter der Laubbäume sich bunt zu verfärben beginnen, steht für das Auerwild die karge, kalte Zeit vor der Tür. Jetzt trennt sich die Henne vom Gesperre, es bilden sich Jugendtrupps. Vor allem junge Hahnen kann man im Herbst und Winter gemeinsam beobachten.

Jetzt kommt es darauf an, die letzten warmen Tage zu nutzen und sich für den Winter Reserven anzulegen. Natürlich werden im Herbst auch noch immer Gräser, Beeren und Früchte – wie etwa Hagebutte, Himbeere, Brombeere, Vogelbeere oder Schwarzbeere – als Nahrung angenommen, so lange diese noch zu finden sind. Außerdem bieten jetzt auch die Bucheckern hochwertige Nahrung und – wenn im Auerwildwald vorhanden – Eicheln. Die Früchte dieser beiden Bäume kommen also nicht nur Sauen, Hirschen und Rehen als Herbstmast zugute, sondern auch dem Auerwild. Bucheckern und Eicheln sind richtige Eiweißbomben.

Mehr und mehr verlagert sich mit dem Fortschreiten des Herbstes die Nahrungsaufnahme vom Boden in die Baumkronen, sozusagen von der ebenen Erde in den ersten Stock. Wie mancher Förster die Fichte als seinen Brotbaum ansieht, so ist im Herbst die Kiefer der Brotbaum des Auerwildes. Genommen werden von ihr Früchte und Samen.

Wenn im Herbst genügend Reserven angelegt worden sind, dann können die Vögel unbesorgt in den Winter hineinschauen. Sie sind bestens gerüstet…

Im Frühjahr und Sommer war Auerwild viel auf dem Boden zu finden. Knospen und Gräser und natürlich auch Beeren spielten in der Ernährung bei den Hennen mit ihren Gesperren die Hauptrolle. Aber nicht nur die Hennen waren um diese Zeit viel auf dem Boden anzutreffen, sondern auch …

… die Hahnen. Junge Hahnen, wie etwa dieser halbjährige Schneider, schließen sich im Herbst und Winter gerne zu kleinen Trupps zusammen, die gemeinsam durchs Leben tingeln.

Im Spätherbst verlagert sich das Leben sowohl bei Hahnen als auch bei Hennen vom Boden in die Baumkronen. Auf dieser Seite zu sehen: ein aufbaumender Hahn.

Winter

Auch wenn der Winter eine harte Zeit ist: Not leiden Auerhühner nicht. Sie sind von der Natur auf dieses Leben bestens vorbereitet. Nicht einmal große Schneemengen bringen sie in Verlegenheit. Sie sind nämlich gleichsam auf Schneeschuhen unterwegs. Die Zehen, die im Sommer nackt sind, werden im Winter mit seitlichen Horngebilden ausgestattet – den sogenannten Balzstiften. Mit der Balz haben diese jedoch nicht viel zu tun, sie erleichtern vielmehr dem Auerwild die Fortbewegung im tiefen Schnee. Bei sehr hohen Schneelagen müssen sie sich noch zusätzlich mit den Schwingen abstützen.

Die Nahrung ist jetzt meist hart und harzreich. So werden etwa die Nadeln von Fichten, Tannen oder Kiefern aufgenommen. Interessantes Detail am Rande: Einzelne Kiefern werden deutlich bevorzugt. Manchmal stehen zwei Kiefern fast nebeneinander, und von der einen wird Äsung aufgenommen, während die andere gemieden wird. Zum Aufschließen der harten Koniferennadeln brauchen die Auerhühner vor allem eines: viel Zeit – und Ruhe!

Und daher heißt das Zauberwort im Winter: Ruhe, Ruhe und nochmals Ruhe. Energiesparen ist angesagt. Ein störungsfreier Auerwildlebensraum ist überlebenswichtig! Daran sollten nicht nur Förster und Jäger denken, sondern auch Wanderer, Langläufer und Schifahrer …

Auerhahnfährte im Schnee. – Die Natur hat für das Leben im Winter gut vorgesorgt: Anstelle der bei Vögeln sonst üblichen Hornschuppen bilden sich bei den Raufußhühnern – der Name deutet schon darauf hin – an den Füßen Federn, wie etwa auch beim Raufußbussard oder beim Raufußkauz.

Diese Auerwildfährte endet in einer Schneehöhle. Bei großer Kälte graben Auerhühner nämlich kleine Höhlen in den Schnee, um darin, gut isoliert, die kalten Stunden zu überstehen. Der „Höhleneingang" wird dabei stets gut mit Schnee verschlossen, um so von Fuchs und Marder unbemerkt zu bleiben.

Nicht nur an den Füßen, sondern auch an anderen Körperteilen ist das Gefieder auf Kälte vorbereitet. Ein dichtes Deckgefieder verhindert Wärmeverluste.

Dazu trägt auch der flaumige Afterschaft bei, eine kleine Zweitfeder, die unter dem Kiel jeder Deckfeder sitzt.

Auch im Winter
muss das Gefieder
sorgfältig gepflegt werden,
und wenn alle Huderpfannen
zugeschneit sind, wird bei
trockenem kaltem Wetter das
Sandbad durch ein Bad im
Pulverschnee ersetzt.

Sonst aber meidet Auerwild Pulverschnee, denn da sinkt es bis zu zwanzig Zentimeter tief ein. Das Gehen kostet dann viel Energie. Bei hohem Schnee stützt es sich zusätzlich mit den Schwingen ab.

Energie ist kostbar. Je kälter und härter der Winter, desto sparsamer gehen die Auerhühner mit ihren Kräften um. Kräfteraubende Bewegung wird dann aufs Notwendigste verringert.

Winter im Hahnenrevier.

Wenn der Schnee auch die letzten Köstlichkeiten am Boden versteckt, lebt Auerwild hauptsächlich in den Baumkronen. Sehr gern angenommen werden die jungen Triebe und Knospen der Kiefer, …

… aber auch Fichten- und Tannennadeln bereichern dann den Speiseplan. Finden sich im Auerwildlebensraum Buchen, Ebereschen und vielleicht auch Ahorn, werden deren Triebe und Knospen vor allem im Spätwinter gern angenommen.

Unter einer Kiefer kann man im Schnee oft Ästchen finden, die wie abgeschnitten aussehen. Beim Abbeißen der Triebe, Knospen und Nadeln verlieren Auerhühner nämlich ab und zu einen Leckerbissen.

Die kalte, harzreiche Winternahrung wird zunächst im Kropf zwischengelagert und aufgetaut. Im Muskelmagen wird sie dann zerkleinert, wobei die Magensteine eine entscheidende Rolle spielen. Schließlich gelangt die Nahrung ins Darmsystem.

Wenn das Frühjahr da ist, werden frische Lärchenknospen bevorzugt, eine Delikatesse nicht nur für den Hahn, sondern selbstverständlich auch …

… für die gnaschige Auerhenne.

Bedürfnisse und Ansprüche

In vielen Gebieten Europas ist das Auerwild vom Aussterben bedroht oder bereits ausgestorben. Oft genug waren es unüberlegte forstliche Eingriffe, die Auerwildlebensräume zerstört haben. Dabei wäre das sehr oft nicht notwendig gewesen. Denn wirtschaftliche Nutzung und die Erhaltung eines auerwildtauglichen Lebensraumes müssen keinesfalls im Widerspruch stehen. Im Gegenteil: Eine überlegte Forstwirtschaft kann dem Auerwild wieder mehr Lebensraum schaffen. In jedem Fall aber kann sie bestehende Auerwildlebensräume erhalten. Man braucht dazu nur ein wenig über die Bedürfnisse und Ansprüche des Auerwildes Bescheid wissen. Wir haben in den Revieren auf dem Rosenkogel viel beobachtet und auch viel ausprobiert. Wir kennen mittlerweile die Bedürfnisse und Ansprüche des Auerwildes ziemlich genau und nehmen bei unserer Forstwirtschaft darauf Rücksicht.

Ausgezeichnete Lebensraumvoraussetzungen für das Auerwild bietet etwa ein gut strukturierter Hochwald mit Baumarten wie Fichte, Kiefer, Lärche oder Buche, ein Hochwald mit einer Kraut- und Beerenschicht als Bodenbewuchs. Auch Ruhe ist entscheidend, vor allem im Frühsommer, wenn die Gesperre aufgezogen werden und bis zum Herbst ihr Erwachsenengewicht erreichen sollen, aber auch in der kalten Jahreszeit, wo Energiesparen angesagt ist. Die Möglichkeit, Magensteinchen aufzunehmen, muss gesichert sein, und auch die Anlage von Huderpfannen muss möglich sein. Die Heidelbeere sollte sich im Auerwildrevier finden. Und schließlich darf man nie vergessen, dass ein Lebensraum auch für das ganze Jahr taugen muss, denn: ein guter Balzplatz allein ist zu wenig…

Am häufigsten sieht man das Auerwild zur Balzzeit. Man weiß, wie ein guter Balzplatz aussehen muss. Es dürfen aber nicht nur geeignete Balzplätze vorhanden sein, sondern …

… Lebensräume fürs ganze Jahr. Dieses Bild etwa zeigt ein Rückzugsgebiet mit Farn: beste Deckung und damit vorzüglicher Schutz gegen Fressfeinde!

Auerwild und forstliche Bewirtschaftung können sich durchaus vertragen. Entscheidend ist allerdings, dass man die Ansprüche des Auerwildes kennt und Rücksicht darauf nimmt.

Einer der wichtigsten Grundsätze für uns Forstleute und Jäger sollte sein, sich in die Bedürfnisse des Wildes hineinfühlen zu können. Ein Blick aus der Auerhuhnperspektive macht einem vieles klar.

Ein gut strukturierter Hochwald mit Baumarten wie Fichte, Kiefer, Lärche oder Buche und mit einer Kraut- und Beerenschicht als Bodenbewuchs bildet gute Lebensraumvoraussetzungen fürs Auerwild.

Auerwild muss sich bewegen können. Aufgrund seiner Größe stellt der Vogel entsprechende Ansprüche an den Bestockungsgrad und die „Infrastruktur" in unseren Wäldern.

„Infrastruktur" heißt: Schläge, helle Althölzer (mit einem Bestockungsgrad von 0,5 bis 0,7), Forstwege und vielleicht Bachläufe müssen so miteinander verbunden sein, dass sie für Auerwild befliegbar sind.

Dieser Bestand ist für Auerwild nicht mehr befliegbar. Der Förster sollte hier handeln, im Bewusstsein, dass Lebensraumgestaltung die wohl schönste Aufgabe im Forstberuf ist.

So sah es dort nach der Nutzung aus. Durch den Aufhieb ist eine Flugschneise entstanden, und der angrenzende Altholzbestand ist wieder befliegbar.

Weitere Beispiele für vom Auerwild befliegbare Altholzbestände – hier fühlen sich Hahn …

… und Henne wohl.

Die Art und Weise, wie man Forstwirtschaft betreibt, spielt für das Auerwild eine große Rolle. Auf dem Rosenkogel werden nicht reine Fichtenbestände forciert, sondern Mischbestände mit Lärche, Kiefer …

… Buche, Bergahorn und anderen Baumarten mehr.

Auch Sträucher und Baumarten, wie etwa Vogelbeere und Mehlbeere, werden auf dem Rosenkogel gefördert – und natürlich auch Himbeere und Heidelbeere.

Die Heidelbeere ist überhaupt ein Lebenselixier fürs Auerwild, und zwar durch viele Monate hindurch. Wo sie aber zu hoch wird, da muss man eingreifen: Mit einer ferngesteuerten Forstfräse wird die zu hohe Krautschicht auf den Stock gesetzt – eine Art moderner Waldweide.

Auf Waldhygiene – also auf eine räumliche Ordnung in den Beständen – ist bei der Bewirtschaftung von Auerwildlebensräumen unbedingt zu achten.

Vor allem Gesperre, aber auch erwachsene Vögel brauchen eine übersichtliche Bodenstruktur. Pflegemaßnahmen wie Läuterung und Durchforstung wirken sich rasch günstig auf den Auerwildbestand aus.

„Wo Licht, dort Leben“: Die Bestände, jagdlich wie forstlich, danken es mit erhöhtem Zuwachs.

Kaum war hier der Bestand durchforstet, begannen die Hahnen schon um den besten Platz zu rangeln.

Hier wurde die Bestandesgrenze etwas breiter gestaltet, und das wird vom Auerwild gern angenommen. Natürlich sind die Randbäume sehr wuchsfreudig, daher ist es notwendig, die forstlichen Eingriffe in kürzeren Abständen durchzuführen.

Durch solche Flugbarrieren wird die Nutzung des Lebensraumes für das Auerwild eingeschränkt. Mit vergleichsweise kleinen forstlichen Eingriffen können aber Auerwildlebensräume rasch wieder miteinander verbunden werden.

Kleinkahlschläge – sie bieten auch hervorragende Brutgelegenheiten – sollten keine geraden Ränder aufweisen. Die Ränder sollten wellig, gebuchtet sein und damit unterschiedliche Lichtverhältnisse schaffen – Lebensraumvoraussetzung für alle möglichen Holz-, Strauch-, Kräuter-, und Grasarten.

Randlinien schaffen nicht nur für das Auerwild gute Lebensbedingungen. Vielfalt und Abwechslung bieten verschiedensten Tieren – etwa dem Reh – einen Lebensraum, in dem sie sich das ganze Jahr über wohlfühlen.

Forstwege, Geländekanten, Wurzelstöcke

Forstwege können im Auerwildlebensraum eine sehr gute Sache sein, und daher wird in den Revieren auf dem Rosenkogel großes Augenmerk auf die Anlage und Pflege derselben gelegt. Allerdings muss man bei der Anlage auf gewisse Dinge besonders achten, so zum Beispiel, dass die Wege nicht zu gerade angelegt sind und damit eine gute Jagdschneise für den Habicht oder Adler bilden. Vielmehr sollten Forstwege S-förmig gebaut sein; so bieten sie wiederum mehr Randlinien und gleichzeitig Schutz und Lebensraum auch für viele andere Tierarten.

Süd- und ostseitige Böschungen werden von starkem Bewuchs freigehalten, damit sich auf ihnen Käfer, Insekten und Ameisen ansiedeln. Diese stellen wiederum eine lebensnotwendige Nahrungsgrundlage für das Auerwild dar. Vor allem für die Küken in den ersten Lebenstagen ist tierisches Eiweiß von großer Bedeutung.

Auch Geländekanten sind wichtig: Sie erlauben einen Überblick über den Lebensraum, und Überblick heißt: Sicherheit. Sicherheit etwa vor Fressfeinden, die man von einer erhöhten Warte aus besser entdeckt als ganz vom Boden. Überblick bekommt man aber nicht nur von Geländekanten aus, sondern es kann auch schon ein liegender Baum oder ein Wurzelstock helfen. Und Wurzelstöcke sind auch noch in einer ganz anderen Hinsicht von großer Bedeutung: zur Anlage von Huderpfannen und als Schutz vor Witterungseinflüssen. – All diese Lebensraumrequisiten kann man im Hinterkopf haben, wenn man in einem Auerwildrevier Forstwirtschaft betreibt – ganz ohne wirtschaftliche Einbußen. Und oft bringen schon kleine Eingriffe und ein wenig Rücksichtnahmen in einem Auerwildkerngebiet viel für die Bestandesentwicklung. Der Rosenkogel beweist es.

Auf den Forstwegen fühlen sich alle miteinander wohl, gleich ob Henne …

… oder Hahn …

… oder junges Germüse.

Hier werden nicht nur Magensteinchen aufgenommen, die für die Verdauung von entscheidender Bedeutung sind, sondern es wird auch gern und fröhlich gebalzt.

Um auerwildfreundlich zu sein, müssen Forstwege und deren Umfeld gepflegt werden. Hier ein Forstweg vor dem Pflegeeingriff: Dichter Bewuchs am Rande bildet eine massive Barriere für das Auerwild.

Und hier der Weg im Herbst, nach dem Pflegeeingriff: Nun kann die Böschung zur Nahrungsaufnahme genutzt werden, und der anschließende Altholzbestand ist für das Auerwild wieder erreichbar.

Hier sieht man eine völlig verwachsene Böschung. Bäumchen und Gräser verwehren dem Wild den Blick in den darunter liegenden Bestand.

Die Böschung nach dem Pflegeeingriff: Nun gibt es wieder ziemlich freie Sicht nach unten. Oft bringt schon ein ganz kleiner Eingriff in den Lebensraum eine enorme positive Auswirkung.

Auch eine Böschung wie diese ist für das Auerwild interessant und bestens nutzbar.

Sonnseitige, sandige Böschungen eignen sich auch hervorragend für die Anlage von Huderpfannen.

Von einer Geländekante aus kann man sich sehr gut Überblick verschaffen, und das ist letztlich überlebensnotwendig, denn …

… Feinde müssen früh erkannt werden, und auch ein Fluchtweg muss offenstehen.

Wurzelstöcke und …

… liegende Baumstämme eignen sich ebenfalls gut zum Prüfen der Lage.

Beim Jäger ist es ja letztlich nicht viel anders wie beim Auerwild: Immer die Übersicht zu bewahren, ist entscheidend. Auch diese beiden Jäger nutzen die Geländekante.

Zwölf Gebote zur Lebensraumverbesserung

Der in diesem Kapitel zusammengefasste Maßnahmenkatalog soll so etwas wie eine Handlungsanleitung zur Erhaltung bzw. Verbesserung der Lebensräume für Auerwild sein: Was man bei der Waldnutzung besser unterlässt, und was man tun kann, damit Auerwild sich wohlfühlt. Angesprochen sind dabei vor allem Waldbesitzer, Forstleute, Jäger und alle Menschen, die Auerhuhnwälder anderweitig nutzen. Folgende Leitlinien bilden die Eckpfeiler für eine nachhaltige Waldbewirtschaftung in auerwildtauglichen Lebensräumen.

1. Räumliche Ordnung:

In Auerwildkerngebieten sollten mindestens 30 Prozent auerwildtaugliche Altholzreserven auf Dauer erhalten bleiben. Auf dieser Fläche sollte über Zielstärkennutzung dosiert mit Hilfe von Naturverjüngung gearbeitet werden. Dabei ist darauf zu achten, dass nicht zu kleine Altholzreste übrig bleiben – Mindestgröße: 2 Hektar. Das Augenmerk darf dabei nicht nur auf die Balzplätze gerichtet werden, sondern auf Ganzjahreslebensräume für das Auerwild.

2. Jungwuchspflege und Durchforstung:

In Auerwild-Kerngebieten sind frühzeitige Eingriffe in den Jungwuchs notwendig. Einerseits soll die Bodenvegetation gefördert werden, der Bestandesboden soll aber für die Vögel nutzbar – und das heißt: begehbar – sein. Andererseits sollen Verjüngungsgruppen als Deckung genutzt werden können.
Von großer Bedeutung ist dabei, dass der Schlagabraum, der bei den Schlägerungen entsteht, aus den Beständen geschafft oder auf Haufen geworfen wird, damit keine Hindernisse für das Auerwild entstehen.

3. Barrieren vermeiden:

Dicht zuwachsende Straßenböschungen oder Dickungsblöcke zwischen Althölzern können Barrieren im Auerwildlebensraum bilden. Solche Dickungsblöcke sollte man relativ früh – besonders im Randbereich – auflockern oder die Ränder der benachbarten Althölzer erneut absäumen.

4. Forststraßen überlegt anlegen und nutzen:

Forststraßen bieten Randlinien und somit auch eine gute Infrastruktur für das Auerwild. Südseitige, strukturreiche Böschungen werden vom Auerwild wegen des vermehrten Auftretens von Insekten zur Jugendaufzucht genutzt. Bei den Pflegemaßnahmen an den Straßenböschungen werden diese nicht „leergefegt", sondern kleine Baum- bzw. Strauchgruppen bleiben stehen, um Rückzugsgebiete und Deckung zu schaffen.
Durch die Anlage von Forststraßen können Lebensräume für das Auerwild erreichbar und befliegbar werden. Die Nutzung der Forststraßen durch den Menschen im Zuge von Forstwirtschaft, Jagd und Tourismus muss aber gelenkt werden.

5. Zäune sichtbar machen:

Zäune im Auerwildlebensraum stellen tödliche Gefahren dar! Kulturzäune, Wintergatter und dergleichen sind für das Auerwild schwer oder gar nicht zu sehen und müssen unbedingt durch Verblenden mit natürlichem Material sichtbar gemacht werden.

6. Randlinienangebot erhöhen:

Loshiebe zwischen Unterabteilungen oder Altersklassen erhöhen das Randlinienangebot und die Strukturvielfalt. Schlagränder werden nicht geradlinig, sondern gebuchtet gestaltet.

7. Aufforstung:

Bei Aufforstungen sollte auf Mischbaumarten geachtet werden – rund 10 Prozent Lärche, Kiefer, Bergahorn usw. sollten eingebracht werden. Diese Mischbaumarten müssen durch Einzelbaumschutz – Fege- bzw. Verbiss-Schutz – gesichert werden. Auch sollte nicht überall mit Gewalt jede Blöße aufgeforstet werden. Totholzanteile und lichte, lückenhafte Strukturen fördern immer auch die Artenvielfalt!

8. Ameisenburgen:

Ameisenburgen sollten stets geschützt bzw. gefördert werden.

9. Holznutzung jahreszeitlich abstimmen:

Während der Balz keine Holznutzung in unmittelbarer Balzplatznähe!
Während der Brutzeit keine Störung der Brutgebiete!

10. Düngung:

Auf granulierte Düngemittel wird verzichtet!

11. Aus- und Weiterbildung von Jagd- und Forstpersonal:

Im Versuchs- und Forschungsrevier der Forstverwaltung Franz Meran in Stainz werden Fachexkursionen und Seminare abgehalten. Lebensraumverbessernde Maßnahmen, die Art der Bejagung und vieles andere mehr werden vor Ort am konkreten Beispiel erläutert und besprochen. Wildbiologen unterstützen und begleiten dabei die Förster.

12. Öffentlichkeitsarbeit:

Die Arbeit am Projekt „Lebensraum Auerwild“ wird einer breiten Öffentlichkeit vorgestellt. Medienberichte, Informationsbroschüren und waldpädagogische Führungen sensibilisieren die Bevölkerung für das Auerwild und den Lebensraum des Auerwildes.

Lebensraumverbesserungs-Maßnahmen für Auerwild sind letztlich nicht nur eine brotlose Kunst, sondern es ergibt sich auch folgende zu erwartende Werthebung:

1. Durchforstungsrückstände werden aufgearbeitet; durch ein unterstützendes Projekt können diese Nutzungen kostendeckend durchgeführt werden.
2. Der Wert der Waldbestände steigt.
3. Mit der Erhaltung der Wildart steigt der Revier- bzw. Jagdwert, und damit gibt es Zusatzeinnahmen für die Betriebe.
4. Wir sind laut EU-Vogelrichtlinie (Anhang I+II) zur Erhaltung des Auer- und Birkwildes verpflichtet. Mit einem Raufußhuhn-Projekt wird die Verpflichtung ernstgenommen und den Naturschutzanforderungen entsprochen, gleichzeitig aber auch den wirtschaftlichen Interessen der Waldeigentümer.
5. Auerwild ist eine Leitart im Bergwald. Mit der Erhaltung und Wiederherstellung der Lebensräume für diese Wildart werden auch eine ganze Reihe anderer Arten gefördert und geschützt.

Dem Projekt „Lebensraum Auerwild“ kommt ein hoher Stellenwert zu. Denn Auerwild ist eine Leitart, und wo es dem Auerwild gutgeht, da geht es auch vielen anderen Waldbewohnern gut!

Die durchgeführten forstlichen Maßnahmen in den Revieren auf dem Rosenkogel werden genau aufgezeichnet. Dies ermöglicht im Nachhinein, die Auswirkungen von Eingriffen nachzuvollziehen, …

… und auch fotografisch wird alles genau festgehalten.

Schon sehr früh hat man hier in Stainz den Wert genauer Aufzeichnungen erkannt. Ein alter Spruch besagt: „Wer schreibt, der bleibt."

Jahr	Rotwild				Gams				Rehwild				Hahnen			Hasen	Kaninchen	Feld-Wald-Fasan		
	Hirsch	Tier	Kalb	zus.	Bock	Geis	Kitz	zus.	Bock	Gais	Kitz	zus.	Auer	Birk	Hasel			Hahn	Henne	zus.
1911									13	18	7	38	16	4	2	101	6			77
1912									9	3	3	15	14	6	3	111	19			87
1913									19	6	3	28	14	5	12	98	6	51	38	89
1914									14	11	5	30	24	8	17	94	2	47	31	78
1915	2			2					13	7	5	25	10	5	18	67	2	67	43	110
1916	3	1		4					6	2	1	9	15	8	4	66	5	72	52	124
1917									4	3	2	9	20	6	1	47	5	32	15	47
1918	1			1					3	3	1	7	15	2		38	7	18	11	29
1919	3			3					4	2	1	7	16	3		12	1	7	8	15
1920									4	2		6	8	3	2	12	3	9	5	14
1921	2			2					1	1	1	3	5	4		59	1	10	10	20
1922		1		1					1			1	7	1	2	61		14	4	18
1923									8	4		12	13			87	2	24	12	36
1924									8	1		9	13	1	1	54	2	34	27	55
1925	1			1					6			6	10	1	2	70	2	24	13	37
1926									6			6	11		6	48	4	55	18	73
1927	2			2					4	1		5	12		5	64	4	47	38	85
1928									5									39	29	
1929	1			1					10									48	17	
1930	2		1	3					10									55	56	
1931									8									30		

Wer schreibt, der bleibt wirklich! In der Forstverwaltung Meran gibt es lückenlose Aufzeichnungen seit dem Jahr 1910.

Unsere Aufzeichnungen belegen es ganz deutlich: Vor dem 1. Mai darf der Auerhahn keinesfalls bejagt werden, besser noch später! Gleichzeitig zeigen die Erfahrungen auf dem Rosenkogel, dass die Jagd auf den Auerhahn einzig im Frühjahr zum Ende der Balzzeit richtig, nachhaltig und sinnvoll ist. Da kann man sich nämlich vorher einen genauen Überblick über die Bestandessituation und die Nachwuchsrate machen und die Abschussplanung danach ausrichten.

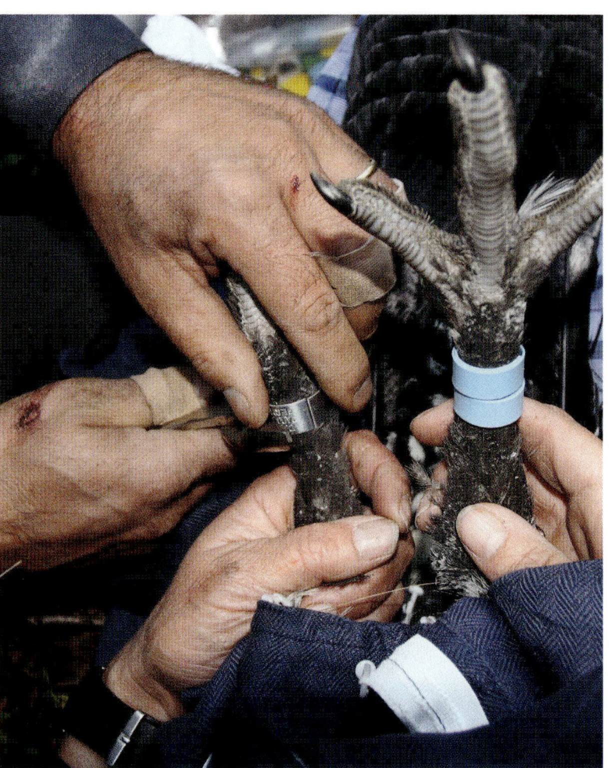

Nicht nur unseren jahrzehntelangen Aufzeichnungen verdanken wir jede Menge Erkenntnisse, sondern auch der neueren Forschung. So wurden auf dem Rosenkogel über ein Jahrzehnt hinweg vierzig Hahnen gefangen und mit einem Ring am Fuß versehen.

Dank der Markierung konnten wir einige Hahnen über mehrere Jahre bestätigen und ihr Verhalten auf dem Balzplatz genauestens studieren.

Ein gefangener und markierter Hahn streicht ab in die Freiheit. Von nun an wird er eindeutig wiedererkennbar sein.

Quer durch die Hahnen-Jahre

Hahnen aufs Alter ansprechen

Hahnen, die mit einem Fußring markiert sind, sind eindeutig wiederzuerkennen. Aber es geht auch ohne Markierung, wenn man eine gute Beobachtungsgabe hat und diese regelmäßig schult. Auf dem Rosenkogel nutzen wir vor allem die Wochen der Balz, um unsere Hahnen anhand individueller Merkmale genauestens kennenzulernen und voneinander zu unterscheiden. Oft können wir die einzelnen Hahnen über Jahre in ihrer Entwicklung und in ihrem Verhalten beobachten.

Bei den Hahnen gibt es völlig unterschiedliche Charaktere, wie bei den Menschen: Es gibt den Provokateur, es gibt den Phlegmatiker, den Angsthasen genauso wie den Draufgänger oder den selbstbewussten Herrenhahn oder Macho. Oft braucht man gar keine äußeren Merkmale, um einen Hahn wiederzuerkennen – es reicht schon der Charakter.

Hahnen können in freier Wildbahn an die zehn, elf Jahre alt werden. Manchmal hat man das Glück, einen Hahn schon in frühem Lebensalter eindeutig zu identifizieren und kann ihn dann über Jahre verfolgen. Dann weiß man ganz genau, wie alt er ist. Man kennt die Merkmale des Älterwerdens, was dann wiederum bei der Altersansprache anderer Hahnen hilft.

Woran man Hahnen wiedererkennt, und wie ein junger Hahn aussieht und wie ein alter, das zeigen die folgenden Seiten …

Eine prächtige Erscheinung ist jeder Hahn. Aber Hahn ist nicht Hahn. Mit ein wenig Beobachtungsgabe kann man die Hahnen an verschiedenen Merkmalen unterscheiden – auch ohne Beringung.

25 bis 30 Morgenansitze im Schirm pro Balz und tägliches Verlosen beim Abendeinfall – so lernt man in dieser Zeit nicht nur die Hahnen quasi persönlich kennen, sondern auch ihre Ansprüche an den Lebensraum.

Ein Beispiel für ein markantes Erkennungsmerkmal: die deutlich sichtbare Verletzung am Stingel.

Auch die Stärke und Krümmung des Brockers ist ein gutes Unterscheidungsmerkmal und …

… dann natürlich die Abzeichen im Stoß und Unterstoß.

Oder: Geknickte Federn – auch sie machen einen Hahn unverwechselbar. Hier Fall eins, und …

… Fall Nummer zwo, und …

… Fall Nummer drei.

Noch leicht anzusprechen: ein Hahn im ersten Lebensjahr, ein Schneider. Schneider haben deutlich kürzere, schmälere und noch eher abgerundete Stoßfedern. Die mittleren beiden Schaufelfedern weisen einen weißen Endsaum auf.

Bei zweijährigen Hahnen erreicht die Schnabelhöhe 2,5 Zentimeter, bei älteren bis 3 Zentimeter. Der zweijährige Hahn beteiligt sich auch schon am Balzgeschehen. Der weiße Endsaum an den mittleren Schaufelfedern verliert sich in der Mauser im zweiten Sommer.

Ein mittelalter Hahn. Das Wachstum von Auerhahnen dauert zumindest drei Jahre.

Ein offensichtlich alter Hahn: Die Lebenserwartung eines Auerhahnes in freier Wildbahn liegt bei zehn bis elf Jahren.

Gegenüberstellung von zwei Markanten:

Das Ausmaß der Weißsprenkelung im Oberstoß und Unterstoß ist zwar kein Altersmerkmal, aber es ist ein gutes Unterscheidungsmerkmal. Der obenstehende Hahn hat viel Weiß, hingegen …

… hat dieser hier nur sehr wenig Weiß. Diese Weißfärbung kann über Jahre recht konstant bleiben, wie man auch bei dem Hahn namens „V“ auf den folgenden drei Seiten gut erkennen kann.

2003

Die Geschichte des „V“
– ein einzigartiges Bilddokument:

Im Jahr 2003 wurde der „V“ beringt. Damals sprachen wir ihn als dreijährigen Hahn an. Von 2003 bis 2010, also acht Jahre lang, konnte der Hahn Jahr für Jahr auf seinem Balzplatz fotografiert werden. Bis ins Jahr 2010 hielt er sich dort als Haupthahn.

Bei diesem Hahn kann man gut verfolgen, wie konstant die Weißfärbung im Stoß bleibt.

2004

2005

2006

2007

2008

2009

2010

Ebenfalls 2010.
Von Altersabgeklärtheit keine Spur.
Der Hahn stand noch voll in der Balz.

Im Jahr 2011 wurde der Hahn „V“ schließlich verdrängt. Seinen Platz übernahm der nächste Haupthahn: der „Felsenhahn“, damals 5- bis 6-jährig. Anmerkung am Rande: Dieser Hahn war auch besonders fotogen. Er schaffte es sogar bis auf die Titelseite dieses Buches.

Gebetene Gäste

Auf dem Rosenkogel verbringen wir sehr viel Zeit auf dem Hahnplatz. Da wird einem rasch bewusst, wie vielfältig das Leben ist, das sich hier abspielt. Ein sehr auffälliger Gast ist etwa das Eichkätzchen. Es verrät sich meist, lange bevor man es sieht, durch das laute Getöse, das es mit seinem Herumtollen verursacht. Oder, ein einst sehr seltener Gast: der Habichtskauz. Er ist mittlerweile immer häufiger in unseren Revieren anzutreffen. Neben vielen anderen Eulenarten hält er sich vor allem im lichten Wald mit offenen und abwechslungsreichen Strukturen auf. Verwechseln kann man ihn mit dem Waldkauz. Der Habichtskauz ist allerdings bedeutend größer und doppelt so schwer. Mäuse sind für den Ansitz- und Suchflugjäger die Hauptbeute, er nimmt aber auch größere Insekten, Siebenschläfer oder kleine Hasen.

Manchmal sieht man die Lebensraumgenossen des Auerwildes auch gar nicht, findet aber ihre Spuren. Ein Beispiel: Spechtringe. Für den Buntspecht ist das flüssige Baumharz ein spezieller Leckerbissen, gerade im Frühjahr, wenn der Saftfluss der Bäume am stärksten ist. Das Harz lockt natürlich auch Insekten an, die daran kleben bleiben und gleich mitverspeist werden. Im Sommer verlieren die Spechte das Interesse an ihren Ringen. Am Stamm bilden sich jedoch dann ringförmige Wülste, vor allem an Kiefern, Fichten und Linden.

Man könnte zahllose Natur-Geschichten von unseren Gästen auf dem Hahnplatz erzählen. Ein paar davon finden sich auf den nun folgenden Seiten …

Nicht nur die Auerhahnbalz ist beeindruckend, man sieht auch immer wieder alle möglichen Besucher auf dem Balzplatz, wie etwa Rehe.

Auch die Tauben fühlen sich auf den Kiefern wohl. Köstlichkeiten wie Knospen und Samen werden von ihnen gern angenommen.

Der Auerwildlebensraum sagt auch Eulen und Käuzen zu. Dieser junge Kauz genießt sichtlich seine Aussichtswarte.

Ein einst seltener Gast: der Habichtskauz. Er ist inzwischen immer öfter in unseren Revieren anzutreffen.

Der Zaunkönig – als Singwarte taugen ihm Ebereschen sowie Tannen- und Fichtenwipfel, und als Versteck nutzt er gerne Asthäufen.

Auch die kleinsten Vertreter der Vogelwelt fühlen sich im Revier des Auerhahnes recht wohl: angefangen vom Buchfink …

… über verschiedene Meisen – hier die Tannenmeise – …

… und die Goldammer …

… bis hin zum Waldbaumläufer.

Und was ist das? Ein Schnabeltier?

Lichte Althölzer mit vielen Randlinien und jeder Menge Äsung – solche Lebensraumrequisiten ziehen auch die Rehe magnetisch an.

Auch er ist ein häufig und gern gesehener Gast im Auerwildlebensraum: der Buntspecht.

Man muss den Gästen nicht unbedingt begegnen – sie hinterlassen auch Spuren, die davon zeugen, dass sie da waren. Das linke Bild zeigt Spechtringe, das rechte eine Spechtschmiede. Letztere benutzt der Specht, um Nahrung einzuklemmen und zu bearbeiten.

Weitere stumme Zeugen, dass jemand auf dem Hahnplatz war: Rehwildlosung trifft Hahnenlosung.

Ungebetene Gäste

Abgesehen von Nahrung, Witterung und den Voraussetzungen im Lebensraum spielen natürlich Fressfeinde eine große Rolle im Leben des Auerwildes. In guten Lebensräumen gleicht Auerwild den Einfluss des Raubwildes besser aus. In schlechten Lebensräumen kann der Einfluss hingegen dramatisch sein, weil ohnedies nur wenige Vögel vorhanden sind. Wenn wichtige Lebensraumrequisiten fehlen, wie etwa Deckung, dann fallen die Vögel Habicht, Fuchs & Co leichter zum Opfer.

Skandinavische Untersuchungen zeigen den Zusammenhang zwischen den Kleinsäugervorkommen und den Auerwildnachwuchsraten: In guten Mäusejahren sind die Ausfälle beim Auerwild geringer. Bei abnehmender Mäusedichte steigt der Druck durch Raubfeinde wieder an, vor allem auf das Jungwild. Das heißt für uns: Mäuse sind eine hervorragende Beute für Fuchs, Marder, Tag- und Nachtgreife, und somit verringert sich der Räuberdruck auf das Auerwild, wenn es viele Mäuse gibt.

Nicht nur die klassischen Fressfeinde spielen bei den Ausfällen von Gelegen eine Rolle, sondern auch das Schwarzwild. Studien belegen, dass manchmal mehr als ein Drittel der Gelegeverluste beim Auerwild auf das Konto von Schwarzwild geht. Und nachdem Schwarzwild immer noch zunimmt, auch in Bergrevieren, kann einem in dieser Hinsicht um das Auerwild schon bang werden.

In den Revieren um den Rosenkogel gelingt es uns jedoch, die zahlreichen Fressfeinde des Auerwildes in Grenzen zu halten – mit fairer Bejagung. Auch wenn uns das Auerwild wichtig ist: Die anderen Tiere – ob Fuchs, Marder, Dachs oder Rabenvögel – haben genauso eine Lebensberechtigung. Und wer die Fuchsjagd noch kennt, der weiß, wie reizvoll sie ist: Jedes Knistern, jede noch so kleine Bewegung in der mondbeleuchteten Landschaft lässt den Puls des Jägers höherschlagen …

Der Fuchs ist einer der vielen Fressfeinde des Auerwildes. Aber deswegen ist er noch lange kein Staatsfeind Nummer eins, sondern ein faszinierendes Wildtier. Die Natur kennt keine Wertigkeiten.

Wo Wasser, da Leben – Nahrung für Fuchs & Co. Der Speiseplan so manchen Räubers wird bei den auf dem Rosenkogel angelegten Teichen und Tümpeln mit tierischen Ersatz-Delikatessen aufgebessert.

Fuchs und Marder werden vor allem am Luderplatz bejagt. Damit für den Nahrungsopportunisten Fuchs ständig ein Anreiz gegeben ist, den Luderplatz zu besuchen, werden Mäuseburgen errichtet. Diese kosten nicht viel und sind schnell errichtet: Ein paar alte Heuballen werden auf einer Palette gestapelt, ein paar Lärchenbretter bilden das Dach. Streut man hin und wieder Getreide zwischen die Ballen, dann erhöht das natürlich die Attraktivität.

Sauen – sie spielen eine große Rolle bei den Verlusten von Gelegen.

Ein begnadeter Jäger: der Habicht. Dieser Junghabicht beobachtet von erhöhter Warte das Geschehen. Er ist ein geschickter Verfolgungsjäger. Auch Auerwild steht auf seinem Speiseplan.

Der Mäusebussard zieht seine Runden über dem Rosenkogel. Im Gegensatz zu Habicht und Adler hat er aber kaum Einfluss auf die Auerwildbestände.

Anders die Rabenvögel. Sie holen sich ihren Anteil bei Gelegen und Jungvögeln. Unterm Strich aber bleibt: In einem guten Auerwildlebensraum können die Fressfeinde das Auerwild niemals ausrotten …

Mit einem Freund am Hahnplatz

Die schönsten Erlebnisse und Erfahrungen mit dem Auerwild bescherte mir meine Leidenschaft zur Naturfotografie. So mancher Jäger verlässt den Schirm viel zu früh oder springt den Hahn nur bei Morgengrauen am Baum an, um dem Hahnenrevier dann gleich wieder den Rücken zu kehren. Richtig spannend wird es allerdings oft erst am späten Vormittag, und nicht selten steige ich erst gegen Mittag aus dem Schirm heraus. – Große Freude bereitet es auch, wenn man Freunden einen Einblick in die Geheimnisse der Auerwildbalz gewähren kann. Auch sie sind Gäste am Hahnplatz, willkomme Gäste, Gäste im besten Sinne des Wortes.

Vor langer Zeit leitete ich ein Revier in Niederösterreich, wo mich mit meinem Kollegen Fritz eine Freundschaft verband. Als ich die Nachricht erhielt, dass ich das Revier auf dem Rosenkogel in Stainz übernehmen könne, war die Freude groß. Der Wunsch, dieses Revier zu leiten, hatte immer in mir geschlummert. Trotzdem kam beim Abschied aus Niederösterreich ein wenig Wehmut auf.

Freundschaft überbrückt räumliche Entfernung, und so besuchen Fritz und ich einander wechselseitig mindestens einmal im Jahr zum Erfahrungsaustausch. Neue Jagdeinrichtungen, frisch angelegte Wildwiesen und Wildäcker sowie forstliche Maßnahmen werden dabei immer wieder aufs Neue mit Stolz gezeigt und besprochen. Einmal führte ich Fritz Fotos aus dem Revier vor, und da leckte er Blut: Er kaufte sich eine anständige Kamera. Um ihm eine Freude zu machen, lud ich ihn zum Hahnenfotografieren ein.

An einem späten Aprilnachmittag birschten wir zum Hahnenschirm zum Abendeinfall. Der Schirm steht auf einer kleinen Kuppe, so hat man eine perfekte Übersicht. Frische Tannen- und Fichtenäste werden bei der Sichtöffnung aufgehängt, ➤➤

damit das Wild auch nicht die kleinste Bewegung erkennt. Eigentlich ist es beim Abendeinfall geschickter, wenn man unter einer Wetterfichte am Rande des Balzplatzes sitzt: Man hört besser und kommt beim Heimgehen leichter und unauffälliger weg. Aber als Fotograf schleppt man Utensilien mit, die erstens Platz brauchen und zweitens sehr nässeempfindlich sind. Die Größe des Schirmes erlaubt es, selbst zwei Stative aufzustellen oder, wenn notwendig, sogar darin zu übernachten.

Es liegt in der Natur von Fritz, dass er die Umgebung genau studiert und manches kritisch hinterfragt. Warum der Balzplatz wie zusammengeschleckt ausschaue, war eine der ersten Fragen. Die Antwort ist schnell gegeben: Wenn man sich auf Augenhöhe des Auerwildes begibt, erkennt man sehr rasch, warum es wichtig ist, nach dem Fällen von Bäumen die Äste auf Haufen zu lagern. Das Auerwild braucht nämlich Übersicht vom Boden aus: um Feinde rasch zu erkennen, um Konkurrenten frühzeitig zu eräugen und um sich rasch fortzubewegen. Gerade auch für das junge Auerwild – das Gesperre – ist Übersichtlichkeit und ungehinderte Fortbewegung auf dem Waldboden überlebensnotwendig.

Guter Anblick beim Hahnverlosen.

Lange waren wir nicht allein auf dem Hahnplatz. Ein Rehbock kam, ein braver Sechser, gut drei Finger über lauscherhoch. Schon waren die Objektive auf ihn gerichtet und die Finger am Auslöser. Nicht zum ersten Mal bei unseren gemeinsamen Fotoansitzen folgte nun eine Diskussion über Blende und Zeit. Die richtige Einstellung ist im ziemlich lichten, von Lärchen, Kiefern und Fichten dominierten Auerwildwald natürlich eine Herausforderung für den Fotografen, und da macht es sich dann echt bezahlt, wenn man den einen oder anderen Euro mehr für ein ordentliches Objektiv in die Hand genommen hat.

Der erste Hahn hat sich eingeschwungen.

Schön langsam nahm der Tag sein Ende, und wir warteten gespannt, bis die ersten Hahnen einfielen. Ich zeigte meinem Freund die angestammten Schlaf- bzw. Balzbäume, wo sich die Hahnen spätestens am nächsten Morgen, bei gutem Licht, zeigen sollten. Es dauerte nicht lange, da riss uns das laute Schwingenschlagen eines Hahnes aus der leisen Unterhaltung. Immer wieder ist es beeindruckend, wenn ein Hahn mit lautem Getöse neben einem einfällt. Nach wenigen Minuten fing der Hahn auch schon zu worgen an. Mit dieser Lautäußerung nimmt er seinen Platz in Besitz und teilt dies den Artgenossen mit. Wir hatten das Glück, den Hahn auch noch zu erblicken.

Fritz konnte sein erstes Hahnenfoto machen, wenn es auch schon sehr finster war, aber auch ein „Scherenschnittfoto“ hat seine Reize. Nach der Reihe fielen nun die Hahnen ein, und sie worgten sich gegenseitig an, um sich auf den darauffolgenden Balzmorgen einzustimmen. Da fiel mir eine Geschichte ein, die ich vor Jahren mit einem deutschen Jagdgast erlebt hatte:

Doktor B. hatte zwar bei der Morgenbirsch einen Auerhahn erlegt, jedoch noch nie vorher einen gesehen. Damit er wenigstens ein bisschen über die Lebensweise des

Auerwildes erfuhr, begab ich mich mit ihm zum Abendeinfall, und wir nahmen unter einer schützenden Wetterfichte Platz. Schon bald fiel der erste Hahn ein und worgte. Nach einiger Zeit überstellte er sich, um wieder kräftig zu worgen. Da der Hahn nicht weit von uns entfernt war, deutete ich dem Gast, ruhig zu sein. Nachdem zwei weitere Hahnen unweit von uns aufgebaumt waren und natürlich auch kräftig worgten, war es bei meinem deutschen Begleiter vorbei mit der Ruhe. Er beugte sich her und flüsterte mir ins Ohr: „Mensch, da kotzt eener!"

Fritz und ich amüsierten uns über die Geschichte, und inzwischen war es stockfinster geworden. Wir warteten noch, bis die letzten Vögel ihren Gesang einstellten und sahen auch, wie der Hahn auf der Kiefer langsam sein Köpferl unter die Schwingen steckte, um einzuschlafen. Wir warteten noch einige Minuten und verließen leise und unbemerkt auf gepflegtem Birschsteig den Hahnenplatz.

Zu Hause begutachteten wir die geschossenen Bilder, und die eine oder andere Jagdgeschichte machte noch die Runde. Nach kurzem Schlaf läutete um drei Uhr der Wecker, und wir begaben uns wieder in den Schirm. Nachdem wir genau wussten, wo die Hahnen übernachteten, und es auch, obwohl sternenklar, noch rabenfinster war, traten wir auf dem Weg zum Schirm keinen Hahn ab. Wir stellten die Stative auf, montierten Kamera und Objektiv und machten es uns, soweit möglich, gemütlich.

Nach gut einer halben Stunde fingen die ersten Hahnen vorsichtig zu klopfen an, um sich langsam einzuspielen und dann flott in den Morgen hineinzumelden. Ein eindrucksvolles Erlebnis! Ohne auch nur ein Wort zu verlieren, saßen wir gespannt im Schirm und freuten uns auf den nahenden Sonnenaufgang, um auch dieses Schauspiel beobachten zu können. Nachdem die erste Henne meldete und über den Balzplatz strich, gingen die Hahnen – nur als Schemen sichtbar – im ersten Licht zu Boden. Wir konnten eine Auseinandersetzung zweier ranggleicher Hahnen keine fünf Meter vor unserm Schirm beobachten: Lautes Schwingenschlagen, das Drohen mit dem Brocker, Schnabelkämpfe und kurze Verfolgungsjagden der beiden Kontrahenten schlugen uns in den Bann. Leider war noch kein Fotolicht, aber so leicht sollte es mein Freund auch nicht haben. Nach kurzer und heftiger Bodenbalz kehrte wieder Ruhe ein, und die Hahnen saßen nun teilnahmslos auf dem Balzplatz herum.

Fritz schien ein wenig enttäuscht, aber ich beruhigte ihn, wusste ich doch aus Erfahrung, dass die Balz bald wieder losgehen würde. Da ist Sitzfleisch gefragt. Kurz darauf ging eine Henne mit lautem Locken und Schwingenschlagen zu Boden, und zwei weitere folgten. Schlagartig war es wieder aus mit der Ruhe, und nicht nur bei den Hahnen. Selten habe ich meinen Jagdfreund so aufgeregt gesehen wie damals. Schönes, warmes Licht und acht Hahnen und drei Hennen rund um den Schirm bescherten uns einen Balzmorgen, der beeindruckender nicht hätte sein können.

Die Auslöser unserer Kameras ratterten, und nach sieben aufregenden Stunden im Schirm verstauten wir, voll der Freude über das Erlebte, unsere Ausrüstung in den Rucksäcken. Elf Uhr war vorbei, wir kontrollierten mit dem Fernglas den Balzplatz: Die Luft war rein. Wir konnten nach Hause birschen.

Das gemeinsam Erlebte wirkte noch lange nach. So gern und so oft ich auch allein am Hahnplatz auf dem Rosenkogel bin: gemeinsame Freude ist doppelte Freude. Und so bleibt mir nur zu hoffen, dass noch viele Menschen und Generationen die Faszination der Hahnenbalz werden erleben können. Wir jedenfalls werden alles dazutun, um den Auerwildlebensraum hier zu erhalten. Ich habe es an anderer Stelle des Buches schon gesagt: Lebensräume zu gestalten, ist die schönste Aufgabe, der sich ein Förster stellen kann…

Hahnendämmerung.
Götterdämmerung.